LES

OISEAUX D'EUROPE

TOME PREMIER.

Cet ouvrage peut servir de complément au MANUEL
D'ORNITHOLOGIE, ou *Tableau systématique des Oiseaux
qui se trouvent en Europe*, par J.-C. Temminck. Paris,
1820-1840, 4 vol. in-8.

Paris. — Imprimerie de L. MARTINET, rue Jacob, 30.

LES
OISEAUX D'EUROPE

DÉCRITS

Par C.-J. TEMMINCK,

Directeur du Musée royal d'histoire naturelle à Leyde, membre de plusieurs
Académies et Sociétés savantes.

Atlas de 530 Planches

DESSINÉES

Par J.-C. WERNER,

Peintre au Muséum d'histoire naturelle de Paris.

TOME PREMIER. *34524.*

A PARIS,

CHEZ J.-B. BAILLIÈRE,

LIBRAIRE DE L'ACADÉMIE NATIONALE DE MÉDECINE,
17, rue de l'École-de-Médecine.

A LONDRES, CHEZ H. BAILLIÈRE, 219, REGENT-STREET.

1848.

TABLES DE L'ATLAS

DES

OISEAUX D'EUROPE.

NOTA. Les grands chiffres romains désignent le volume ; les chiffres arabes indiquent la pagination du *Manuel d'ornithologie* servant de texte à cet atlas. — Les oiseaux marqués d'une astérisque ne figurent pas dans l'Atlas, parce qu'ils n'appartiennent pas à l'Europe.

---

(1) Exotique. Habite la Sibérie. L'apparition de cette espèce en Europe est basée sur la capture de trois individus.

---

(1) Voir Bec-fin Pouillot , dont la figure ressemble complétement à cette espèce.

(2) Exotique. Habite le Japon.

(1) Voir Traquet-Patre.

(1) Exotique. Habite la Crimée.

(1) Exotique. Habite les contrées de l'Australasie.
(2) Exotique. Habite le Bengale.

(1) Exotique. Habite l'Afrique et l'Inde.
(2) Exotique. Habite l'Afrique.
(3) Exotique. Habite l'Amérique méridionale.
(4) Habite l'Afrique méridionale.

2

(1) Ces trois espèces ont été décrites dans le *Manuel d'ornit.*, quoique exotiques, afin de les reconnaître, et de ne pas les confondre avec les espèces d'Europe.

(1) Afin d'éviter toute espèce de méprise, et pour qu'on ne confonde

plus notre Talève d'Europe avec les espèces exotiques , M. Temminck a décrit ces deux Talèves dans le *Man. d'orn.*, quoiqu'ils n'appartiennent pas à l'Europe.

(1) Figurée sous le nom de Mouette rieuse.

(1) Le plumage divers de cette nouvelle espèce étant absolument le même que celui de la Mouette rieuse, on s'est abstenu de la figurer.

(2) Non figuré, quoique décrit dans le *Man. d'ornit.*, parce qu'il habite les bancs de Terre-Neuve, et qu'il ne paraît qu'accidentellement sur nos côtes.

(3) Cette espèce est exotique, habite toute l'Amérique jusqu'au cap Horn, etc. (Voir *Man. d'ornit.*, p. 154, 4ᵉ partie.)

FIN DES TABLES.

Werner del.   1/12   Lith. de Fourquemin.

Vautour oricou.   (Vultur Auricularis, Daud.)

Werner del.   ⅛ de nat.   Lith de Langlumé.

Vautour arrian. (Vultur cinereus. Linn.)

Werner del.   ⅐ de nat,   Lith. de Langlumé.

Vautour Griffon. (Vultur fulvus. Linn.)

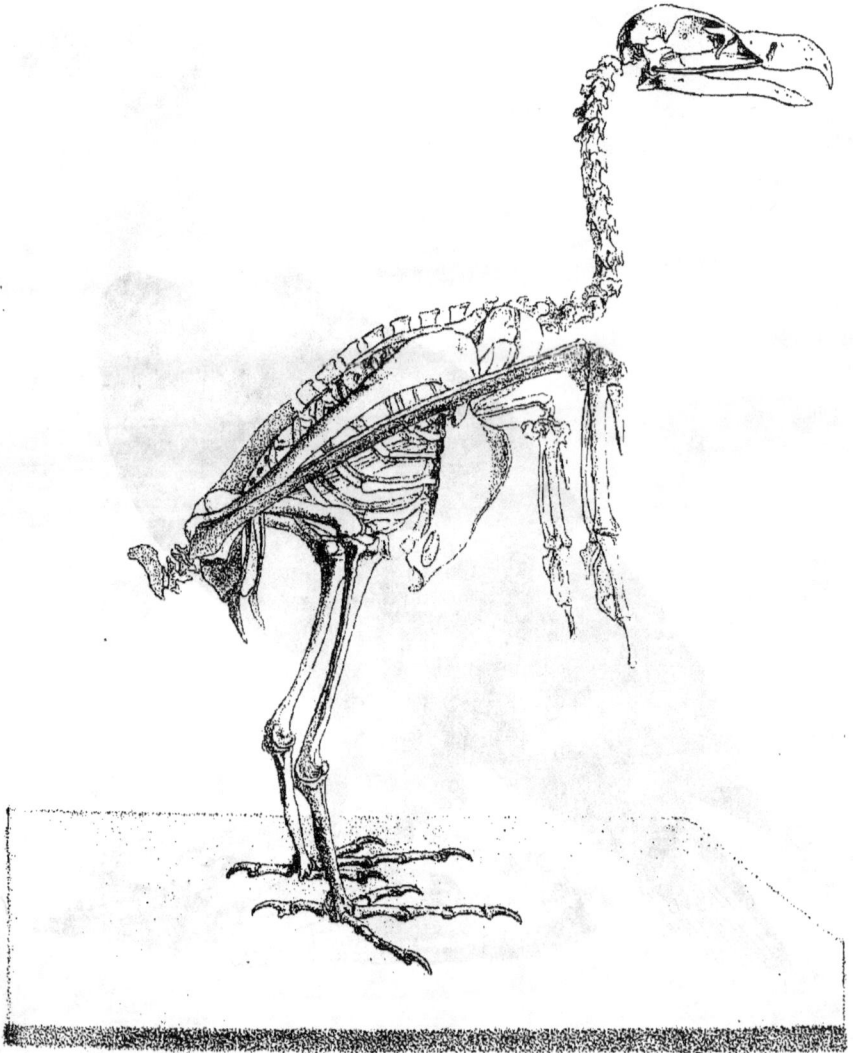

Werner del.   ⅓ de nat.   Lith de Langlumé

Squelette de Vautour griffon. (Sceletum Vulturis fulvi.)

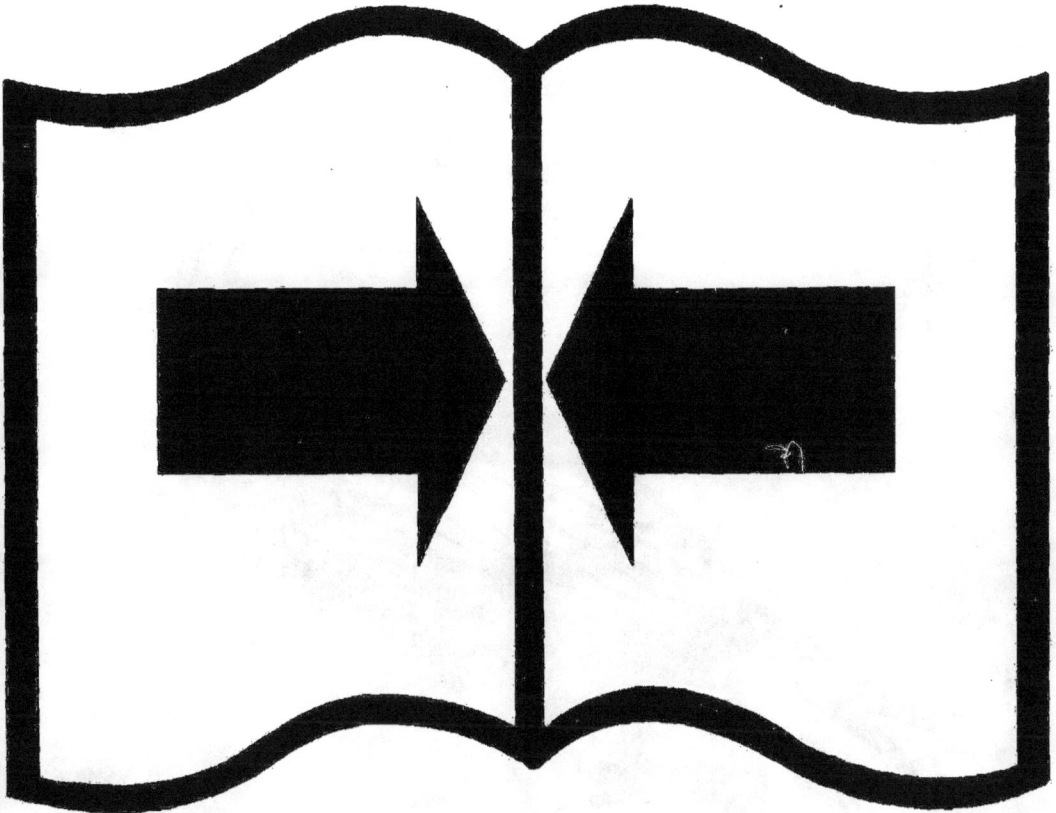

Reliure serrée

Weber del.   1/10.   lith. de Fouquemin

Vautour chassefiente. (Vultur kolbii. Daud.)

Verne del.   ⅓ de nat.   Lᵗᵉ de Langlumé.

Catharte alimoche (Cathartes percnopterus. Tem.)

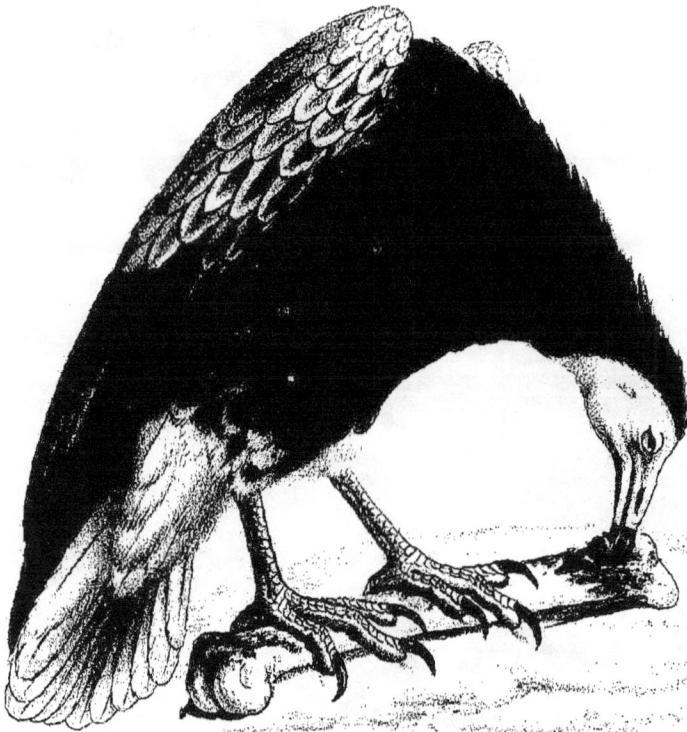

Werner del.   1/4 de nature.   Lith. de J. Belin.

Catharte Alimoche, jeune (Cathartes percnopterus. Tem.)

Werner del.   ⅑ de nat.   Lith. de Langlumé.

Gypaète barbu. (Gypaëtus barbatus. Cuv.)

Gypaète barbu jeune (Gypaetus barbatus Cuv.)

Werner del.   ¼. de nat.   Lith de Langlumé.

Faucon Gerfaut.   (Falco Islandicus. Lath.)

Werner del.   3.e de nature   Lith. A. Belin

Faucon-Lanier mâle (Falco Lanarius, Linn.)

Werner del.   ⅟₄ de nat.   Lith. de Langlumé.

Faucon Lanier fem. (Falco Lanarius Linn.)

Werner del.   ⅓ de nat.   Lith. de Langlumé.

Faucon pélerin. (Falco peregrinus. Linn.)

Werner del.   ⅔ de nat.   lith. de Langlumé.

Faucon Hobereau. (Falco subbuteo._Lath.)

Werner del.   ½ de nat.   Lith. de Sanguineau.

Faucon Emérillon. (Falco œsalon. Tem.)

Werner del.   ⅓ de nat.   Lith. de Langlumé.

Faucon cresserelle. (Falco tinnunculus. Linn.)

Rapaces.

Wener del.   2/5 de nat.   Lith. de Langlumé

Faucon cresserellette. (Falco tinnunculöides. Natter.)

Werner, del.   2/5ᵉ de nature .   Lith. de A. Belin.

Faucon creasserellette femelle (Tinnunculoïdes Natter.)

Verner del.   ⅔ de nat.   Lith. de Langlumé.

Faucon à pieds rouges ou Kobez. (Falco rufipes. Bechst.)

Faucon concolor . (*Falco concolor Temm.*)

Werner del.   ¼   Lith. de Fourquemin

Faucon éléonore   (Falco eleonoræ. Géné)

Werner del.   1/4   lith. de Jacquemin

Faucon Eléonore fem. (Falco Eleonora Géné.)

Werner del.   ½ de nat.   Lith. de Langlumé.

Aigle impérial. (Falco Imperialis. Tem.)

Werner del.   ⅕ de nat   Lith. de Langlumé

Aigle royal. (Falco Fulvus. Linn.)

e 1er

Werner del.^t   1/5 de nat.   Lith. de A. Belin.

Aigle Bonelli, vieux mâle (Falco Bonelli, Temm)

Werner del.   ⅓ de nat.   Lith. Fourquemin.

Aigle criard. (Falco nævius. Linn.)

Werner del. ⅛ de nat. Lith. de Langlumé.

Aigle Cotté. (Falco pennatus. Linn.)

Werner del   ⅖. de nat   Lith de Langlumé.

Aigle Jean le blanc. (Falco Brachydactylus. Wolf)

Werner del.   ⅓ de nat.   Lith. de Langlumé.

Aigle Balbuzard. (Falço häliaetus. Linn.)

Werner del.   1/6 de nat.   Lith. de Langlumé.

Aigle Pygargue. (Falco Albicilla. Lath.)

Werner del.   ⅙ de nat.   Lith. de Langlumé.

_ Aigle à tête blanche. (Falco leucocephalus. linn.)

r. del   5.̃ de nat   Lith. de Langlumé.

Autour   (Falco Palumbarius Linn.)

Werner del.   G. de nat.   Lith. de Langlumé.

Épervier (Falco nisus Linn.)

Verner del.   ⅔ de nat.   lith. de Langlumé

Milan Royal.   (Falco Milvus Linn)

Milan noir ou parasite. (Falco ater, Linn.)

Élanion martinet. (Falco furcatus Linn.)

Werner del.t   1/3 de nat.   Lith. de A. Belin.

Elanion Blac, livrée parfaite (Falco Melanopterus, Lath)

Werner del.̲   1/3.   Lith. de Fourquemin

Elanion blac, 2.ᵉ année. (Falco melanopterus. Lath.)

Werner del.   ¼ de nat.   Lith. de Langlumé.

Buse. (Falco buteo Linn.)

Werner del.   ¼ de nat.   Lith. de Langlumé.

Buse pattue. (Falco Lagopus Linn.)

Werner del.   5/18 de nat.   Lith. de Langlumé.

Buse Bondrée. *Falco apivorus. (Linn.)*

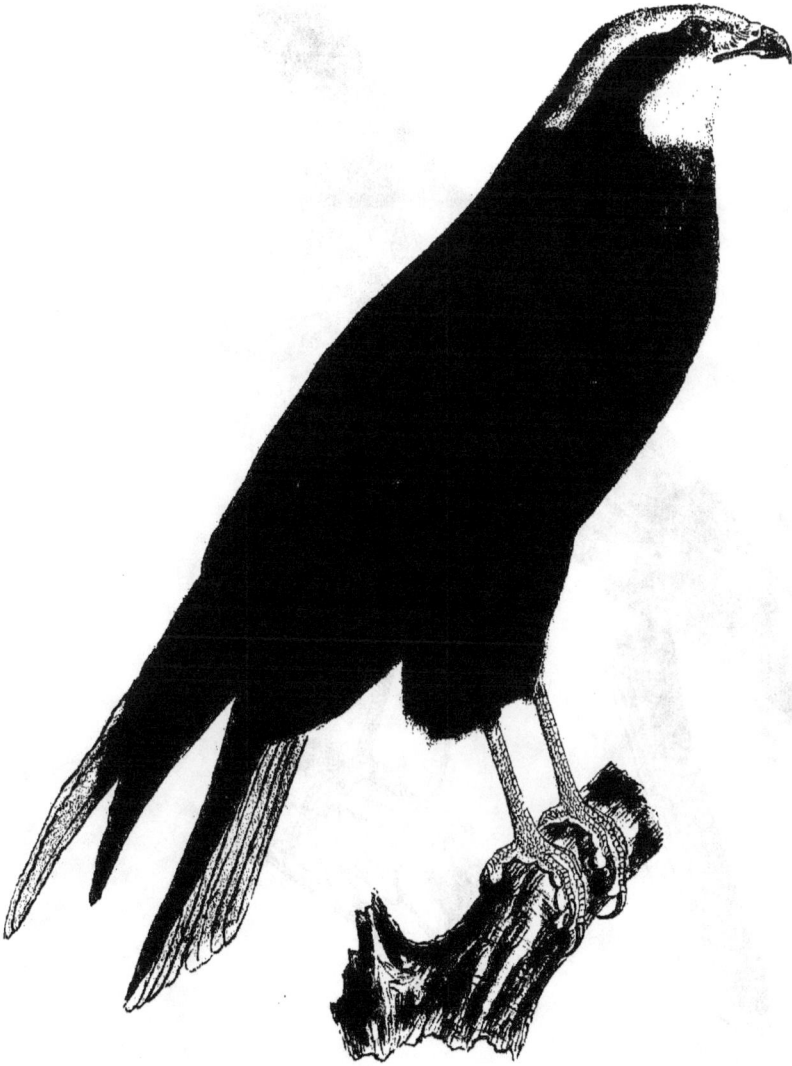

Werner del.   ¼ de nat.   Lith. de Langlumé.

Busard Harpaye ou de Marais. Falco Rufus. (Linné)

Werner del.   ⅓ de nat.   Lith. de Langlumé.

Busard St Martin. (*Falco cyaneus. Montagu.*)

Werner del   plus du ⅓ de nat   Lith de Langlumé.

Busard Montagu. (Falco cineraceus Mont.)

Order 1ᵉʳ   Rapaces.

Werner del.   14   im. Lemercier Bénard

Buzard Blafard (Falco Pallidus Sykes)

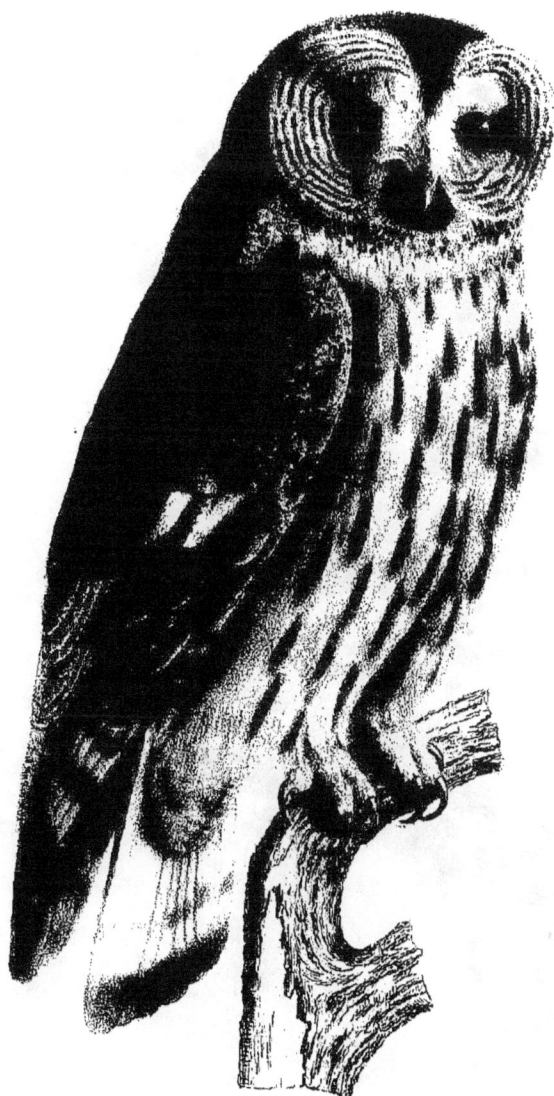

Werner del   ó de nat.   Lith. de Langlumé.

Chouette Lapone. (Strix lapponica Retz.)

Ordre 1.   Rapaces.

Werner del.   ½ de nat.   Lith. de Langlumé

Chouette Harfang. (Strix nictea Linn.)

Chouette de l'Oural. (Strix uralensis. Pallas.)

½ de nat.   *Lith. de Langlumé.*

Chouette Caparacoch. (*Strix funerea Linn.*)

Werner del.   ½ de nat.   L.st. de Langlumé.

Chouette nébuleuse. (Strix nebulosa Linn.)

Werner del.   ⅓ de nat.   Lith. de Langlumé.

Chouette hulotte. (Strix Aluco Meyer.)

Werner del. ⅓ de nat. Lith. de Langlumé

Chouette effraie. (Strix flammea linn.)

Chouette Chevêche. (Strix Passerina. Auctorum.)

Werner del $\frac{1}{2}$ de nat.   Lith. de Langlumé.

Chouette Tengmalm. (Strix tingmalmi linn.)

Werner del.   ½ de nat.   lith. de bourgluné.

Chouette Chevêchette. (Strix acadica. linn.)

Werner del.   ⅓ de nat.   Lith. de Langlumé.

Hibou brachiôte. (Strix brachyotos. Lath.)

Werner del.   74   lith. de A. Belin.

Hibou Ascalaphe (Strix Ascalaphus, Savig.)

Werner del.   ⅓ de nat.   Lith. de Langlumé.

Hibou Grand-Duc. (Strix bubo. linn.)

Werner del.   ⅓ de nat.   Lith de Langlumé

Hibou moyen Duc. (Strix otus. linn.)

Werner del.   presque moitié.   Lith. de Langlumé.

Hibou Scops. (Strix Scops. Linn.)

Werner del.   ⅓ de nat.   Lith. de Lanzlumé.

Corbeau noir. (Corvus Corax. Linn.)

Werner delt. 1/4 de nat. Lith. de A. Belin.

Corbeau Leucophée (Corvus Leucophaeus, Vieill.)

Meerse del   presque ⅔ de nat.   Lieh de Langlumé.

Corneille noire (Corvus Corone linn.)

Huet del.   ⅓. de nat.   Lith. de Langlumé.

Corneille mantelée. (Corvus Cornix. linn.)

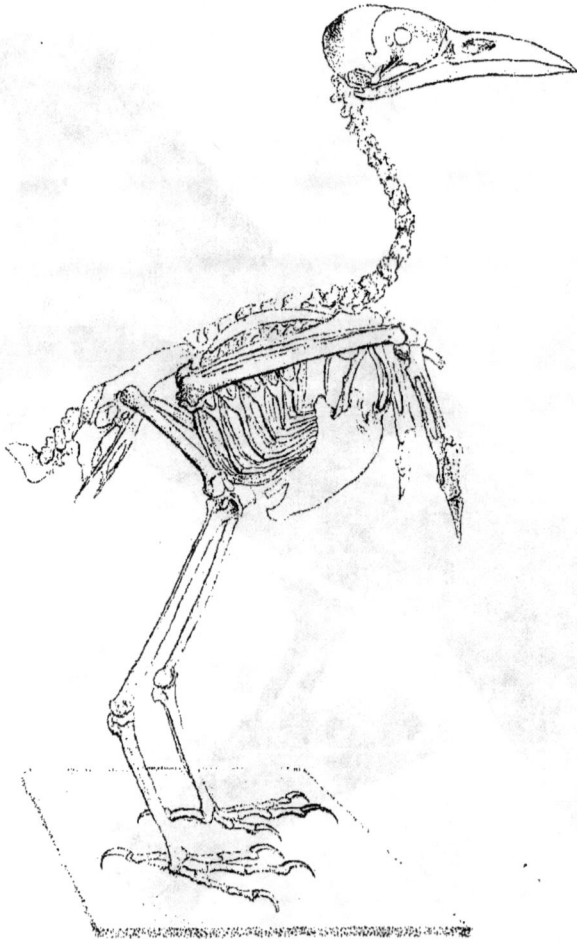

Werner del.   ⅓ de nat.   Lith. de Langlumé

Squelette de la Corneille mantelée. (Corvus Cornix. l...

Werner del. $\frac{5}{10}$ de nat.   Lith. de Langlumé

Freux. (Corvus frugilegus linn.)

Werner del.   ½ de nat.   lith de Langlumé.

Choucas. (Corvus monedula. Linn.)

Werner del.t   *Lith. de J. Belin*

Corbeau Choca (Corvus Spermologus. Frisch)

Werner del.   ⅓ de nat.   Lith. de Langlumé

Pie. (Corvus Pica. Linn.)

Supp.^t 1er vol.

Ordre 2.

Omnivores.

Werner del.

1/2 de nat.

Lith. de J. Belin.

Pie Turdoïde, mâle. (Garrulus Cyanus. Pall.)

Werner del.   ⅓ de nat.   Lith de Langlumé

Geai   (Corvus Glandarius. (Linn.)

Werner del.   2 3 nat.   Imp. Lemercier Bernard et C.

Geai à calotte noire
(Garrulus Melanocephalus, Gené)

Werner del. ⅓ de nat. Lith. de Langlumé.

Geai imitateur. (*Corvus infaustus. Lath.*)

Werner del.   ⅓ de nat.   Lith. de Langlumé

Casse-noix.   (Nucifraga caryocatactes Briss.)

Wern. del.   ⅓ de nat.   Lith. de Langlumé.

Pyrrhocorax Choquard. (*Pyrrhocorax Pyrrhocorax* Cuv.)

Werner del.   ¼ de nat.   Lith. de Langlumé.

Pyrrhocorax coracias. (Pyrrhocorax Graculus Tem.)

Werner del.   ½ de nat.   Lith. de Langlumé.

Grand-Jaseur.   (*Bombycivora garrula.* Tem.)

Werner del.   ⅓ de nat.   Lith. de Langlumé.

Rollier vulgaire. (Coracias garrula. Linn.)

Werner del.   ½ de nat.   Pub. de Langlumé.

Loriot. (Oriolus Galbula. Linn.)

Étourneau vulgaire. (*Sturnus vulgaris. Linn*)

Étourneau unicolore (*Sturnus unicolor* Marm.)

Lith. de Langlumé.

Martin roselin. (Pastor roseus. Fem.)

Werner del.   1/2 nature   Lith. de A. Belin.

Martin roselin jeune de l'année (Pastor roseus. Tem.)

Werner del.   ½ nat.   lith. de Langlumé

Pie-grièche grise. (Lanius excubitor. Linn.)

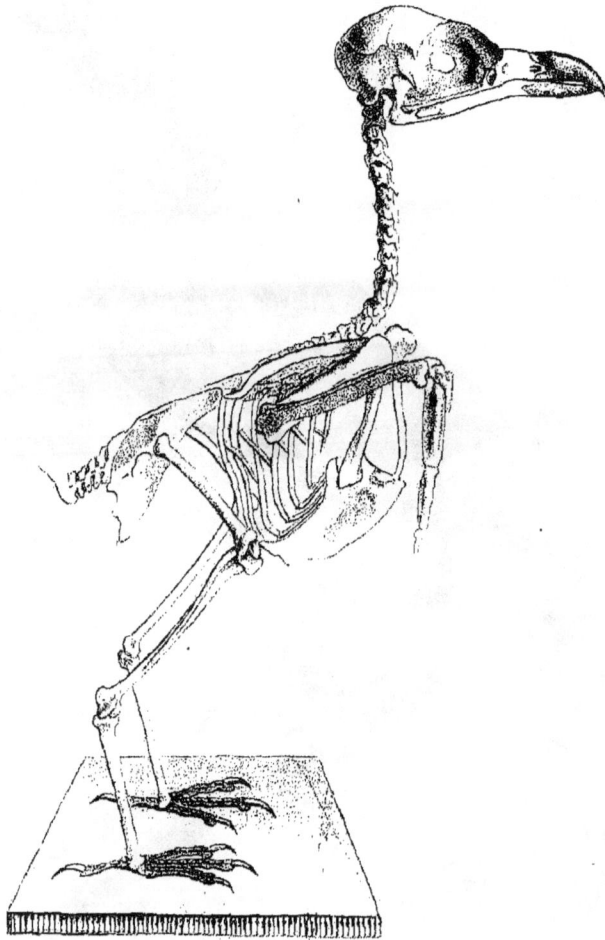

Werner del.   ⅓ de nat.   Lith. de Longlumé.

Squelette de Pie grièche grise. (Lanius excubitor. Linn.)

Werner del.   ⅔ de nat.   lith. de Langlumé

Pie-grièche méridionale. (Lanius meridionalis. Tem.)

Werner del.   5/9 de nat.   lith. de Langlumé

Pie-grièche à poitrine rose. (Lanius minor. Linn.)

Vernce del.   plus de ½   Lith. de Fourquemin.

Pie grièche à capuchon. (Lanius cucullatus. Tem.)

Werner del   ⅔ de nat.   Lith. de Langlumé

Pie grièche rousse. (Lanius rufus, Briss.)

Werner del.   ⅚ de nat.   Lith. de Langlumé.

Pie grièche écorcheur. (Lanius collurio. Briss.)

Gobe-mouche gris. (Muscicapa grisola. Linn.)

Werner del.   ⅔ de nat.   Lith. de Langlumé.

Gobe-mouche à collier. (*Muscicapa albicollis.* Tem.)

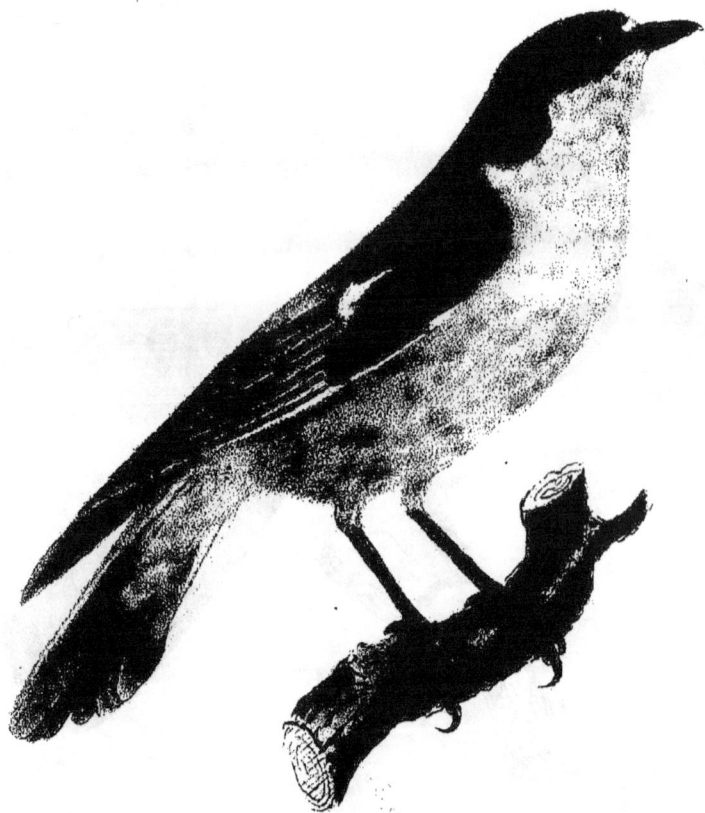

Werner del.   presque grand nat.   lith. de Langlumé.

Gobe-mouche Bec-Figue. (Muscicapa Luctuosa Tem.)

Werner del. grand. nat. Lith. de Langlumé

Gobe-mouche rougeâtre (Muscicapa parva. Bechst.)

Werner del.   1/2   Lith. de Jacquemin

Merle varié ou de Withe. (Turdus varius seu Withei Gould.)

Merle Draine. (Turdus Viscivorus Lin.)

Werner del.   ³⁄₁₁ de nat.   lith de Langlumé

Merle litorne.   (Turdus pilaris. Linn)

Werner del   ⅝ de nat.   Lith. de Langlumé.

Merle grive. (Turdus musicus. Linn.)

Werner del.   ½ nat.   Lith de Langlumé.

Merle mauvis. (Turdus iliacus. Linn.)

Werner del   ½ nat.   Lith de Langlumé.

Merle à Plastron. (Turdus Torquatus. Linn.)

Werner del.   ½ nat.   Lith. de Langlumé.

Merle noir. (Turdus merula Linn.)

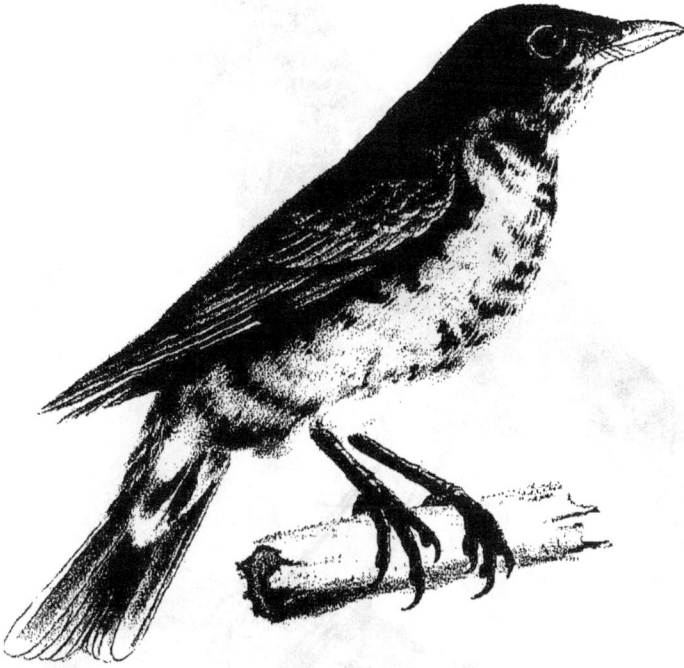

Werner del.!   1/2 de nat.   Lith. de J. Belin.

Merle Erratique, vieux mâle (Turdus Migratorius, Linn.)

Werner del   1/2 nat   litt. de Langlumé

Merle à gorge noire. (Turdus atrogularis. Tem.)

Merle Naumann. (Turdus Naumanni.)

2/3

Merle à sourcils blancs. (Turdus sibiricus, Pall.)

Werner del.   ⅓ de nat.   Lith de Langlumé.

Merle de Roche. (Turdus Saxatilis. Lath.)

Werner del.   Lith. de Langlumé

Merle bleu. (Turdus Cyanus. Gmel.)

Werner del   3/5   Lith de Fourquemin

Turdoïde obscur. (Ixos obscurus. Linn.)

Werner del.   ½. de nat.   lith. de Langlumé

Cincle plongeur. (Cinclus aquaticus. Bechst.)

Werner del   Lith. de Fourquemin

Cincle à ventre noir. (*Cinclus melanogaster*)

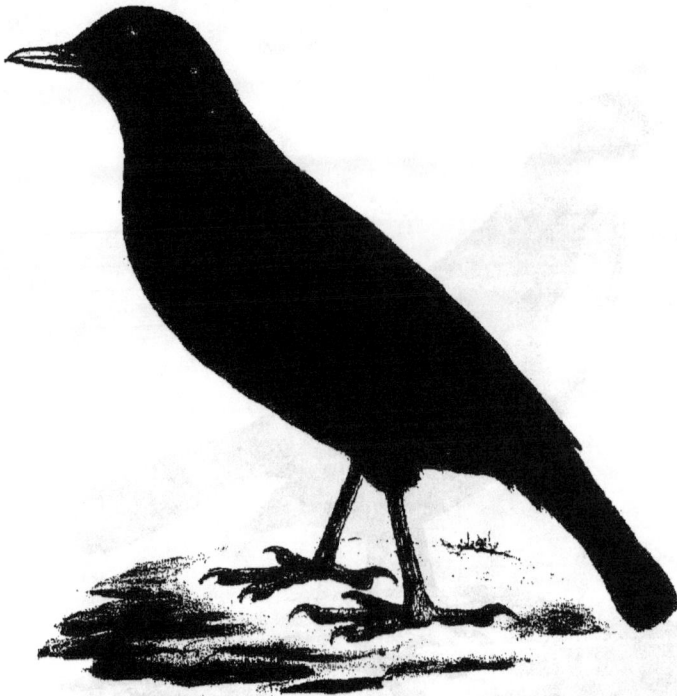

Werner del.   ½ de nat.   Lith. de A. Belin.

Cincle de Pallas (*Cinclus Pallasii, Mihi*)

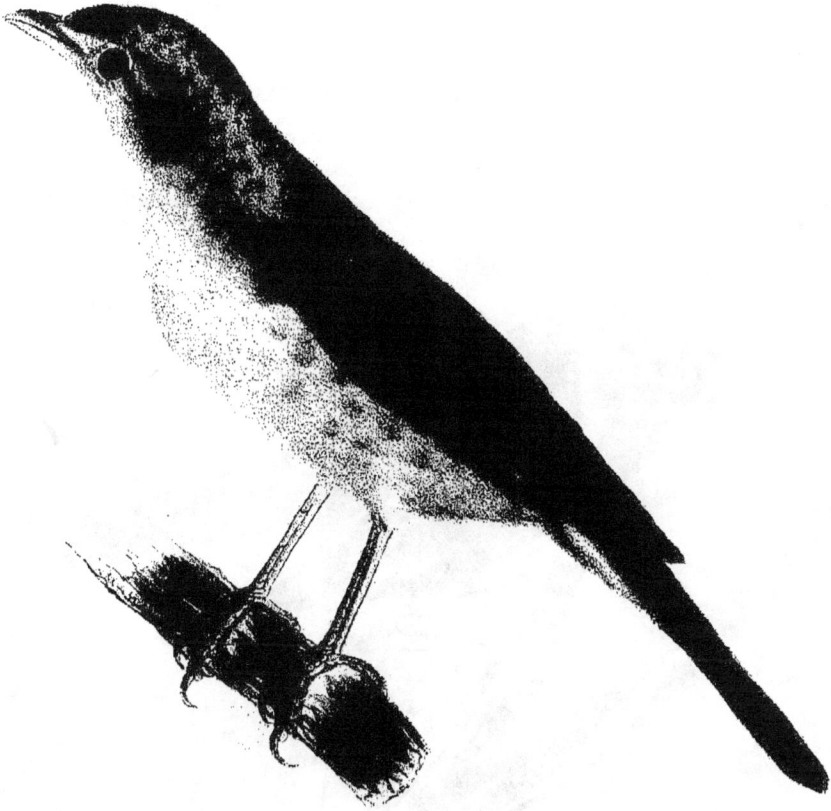

Werner del   2/3 de nat.   lith. de Langlumé

Bec fin Rousserolle. (Sylvia Turdoides Meyer.)

Werner del.   2/3.   lith.de Fourquemin

Bec-fin des oliviers. (Sylvia olivetorum. Strickl.)

Werner del.   presque nat   Lim de Langlume

Bec-fin riverain.   (Sylvia fluviatilis. Meyer)

Werner del. grand. nat. Lith à Langrene.

Bec, fin locustelle. (Sylvia locustella. Lath)

Werner del.   grand. nat.   Lith. de Langlumé.

Bec-fin Trapu. (Sylvia Certhiola. Tem.)

Werner del.   grand. nat.   Lith. de Langlumé.

Bec-fin aquatique. (Sylvia aquatica. lath.)

Werner del   Craen sal   lith. de Langlumé

Bec-fin Phragmite.   (Sylvia Phragmitis. Bechst.)

Whou del. Presque nat. Lith. de Langlumé

Bec fin des roseaux ou effarvatte. (Sylvia arundinacea. Lath.)

Werner del.   gr. de nat.   lith. de Langlumé.

Bec-fin Verderolle   (Sylvia Palustris. Bechst.)

Werner del.   grand. nat.   Lith. de Langlumé.

Le Bec-fin Bouscarle.   (Sylvia Cetti. Marm.)

Gr. Nat.

Werner del.

lith. de Fourquemin

Bec-fin des Saules (Sylvia luscinoïdes, Savi.)

Suppl¹ 1ᵉ vol.

Insectivores   *Ordre 3ᵉ*

3/4

Werner del.   Lith. A. Belin.

Bec fin à moustaches noires; Sylvia melanopogon. (fem.)

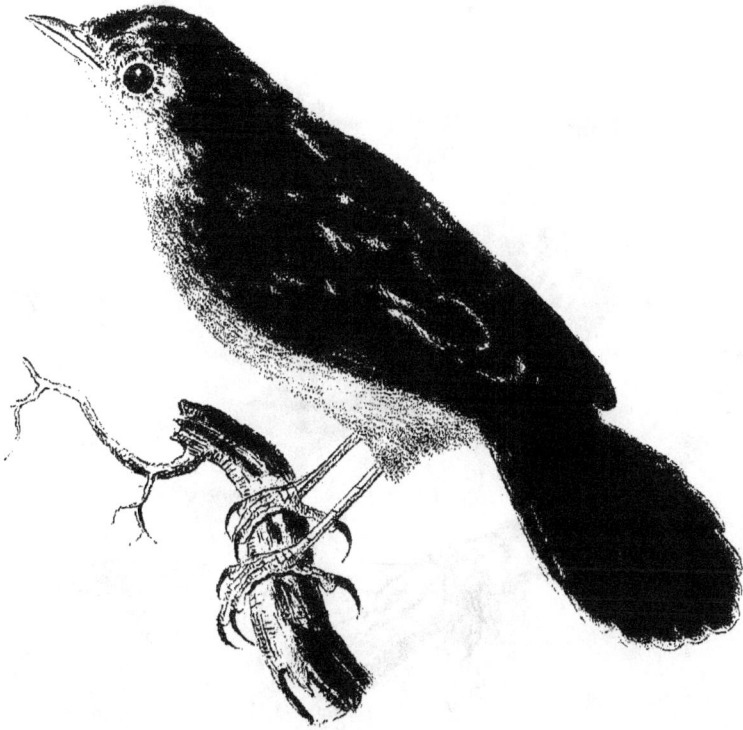

Werner del. grand. nat. lith. de Langlumé.

Bec-fin Cisticole. (Sylvia Cisticola. Tem.)

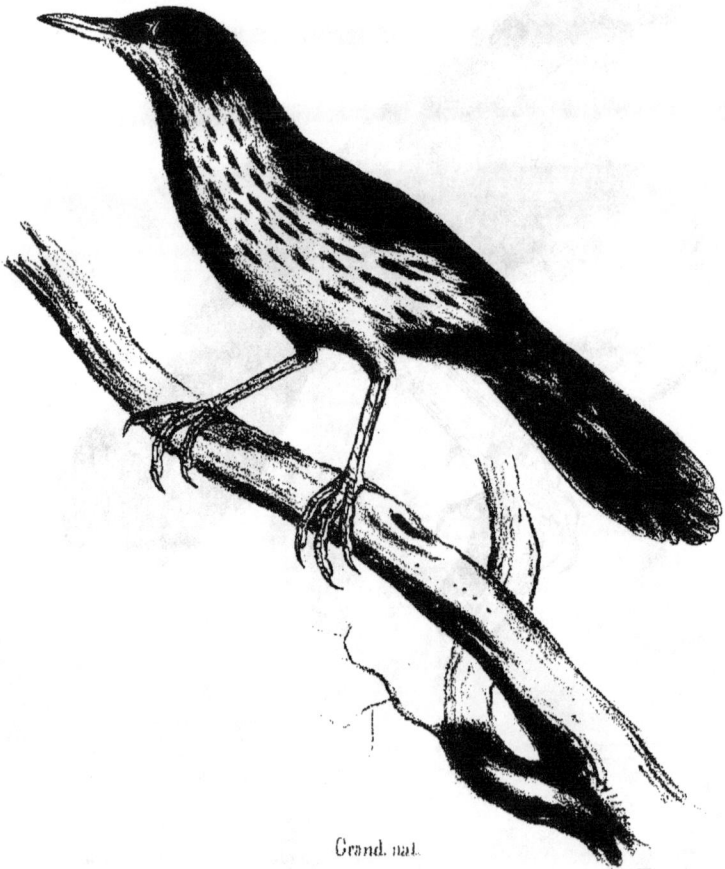

Grand. nat.

Werner del   Lith. de Fourquemin

Bec-fin lancéolé. (Sylvia lanceolata Tem.)

Werner del.   ¾ de nat.   lith. de Langlumé.

Bec-fin Rossignol.   (*Sylvia luscinia. lath*)

Werner del   ³/₄ de nat   Lith. de Langlumé

Bec-fin Philomèle.   (Sylvia Philomela. Bechst.)

Werner del.   ⅔ de nat.   Lith. de Langlumé.

Bec - fin Soyeux .   (Sylvia sericea. Natter.)

Bee-Fin Orphée.   (Sylvia Orphea. Tem.)

Werner del.   Sf. de nature   Lith. Fonrau.

Bec-fin Orphée fem. (Sylvia Orphea. Tem.)

Werner del.   ⅚ de nat.   Lith de Langlumé.

Bec-fin rayé.   (Sylvia nisoria. Bechst.)

Vérive del.   ½ de nat.   Lith. de Langlumé

Bec-fin rubigineux.   (Sylvia Galactotes Tem.)

Insectivores   Ordre 3.²

2/3

Werner del.   Lith. A. Belin

Bec fin de Ruppel mâle (Sylvia Ruppelli Tem.)

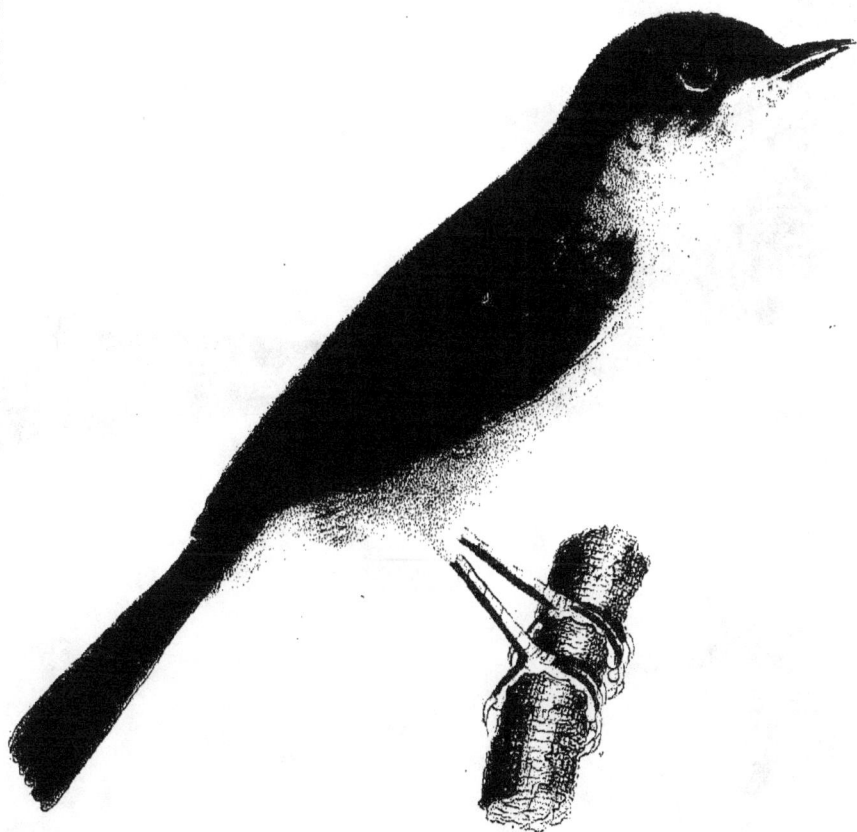

Ordre 3:   Insectivores

Bec-fin à tête noire.   (Sylvia atricapilla. Lath.)

Werner del.   gr. naturelle.   Lith. A. Belin.

Bec-fin à tête noire fem. (Sylvia atricapilla Lath.)

Werner del'   2/10.° de nat.   Lith. de Langlumé.

Bec-fin Mélanocéphale.   (Sylvia mélanocephala. lath)

Ordre 3.   Insectivores

Werner del.   ⅔ de nat.   lieu de imprimer e.

Bec-fin Sarde.   (Sylvia Sarda. Marmora.)

Bec-fin Fauvette .   (Sylvia Hortensis. Bechst.)

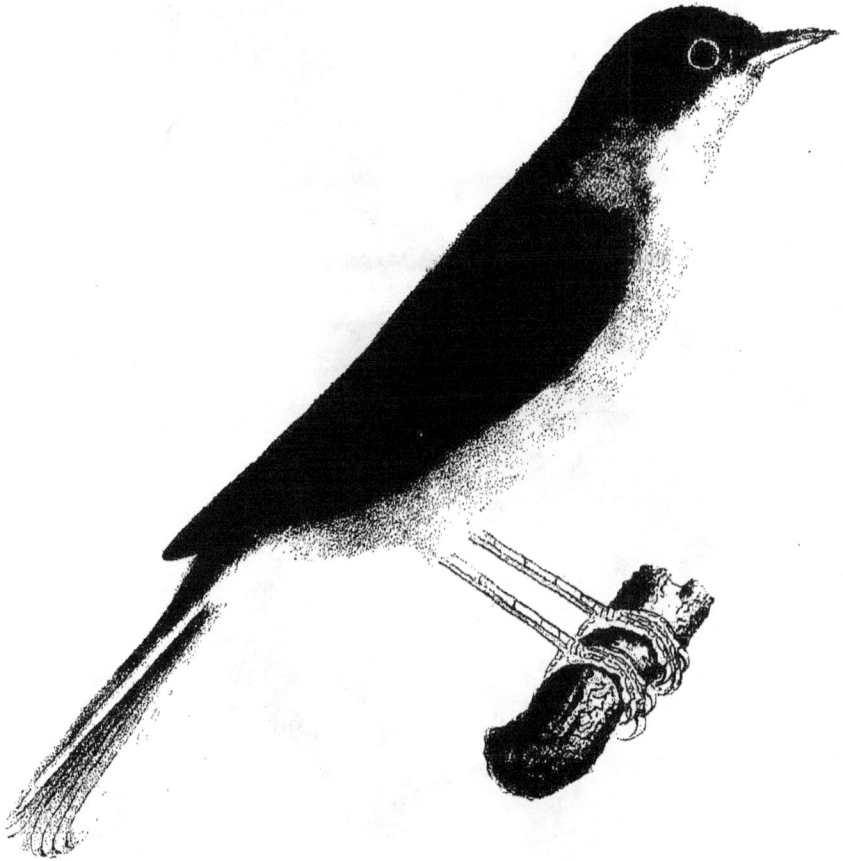

Werner del.   grand. nat.   lith. de Langlumé.

Bec-fin Grisette.   (Sylvia cinerea. Lath.)

Werner del   grand nat.   Imp. de Langlumé

Bec-fin Babillard.   (Sylvia curruca. Lath.)

Werner del.   grand. nat.   Lith. de Langes rue

Bec-fin à lunettes.   (Sylvia conspicillata. Marm.)

Ordre 3.　　　　　　　　　　　　　Insectivores

Werner del.　　　　　　　　¹⁄₃ de nat.　　　　　　　lith. de Langlumé

Bec-fin Pitte-chou. (*Sylvia Provincialis. Gmel.*)

Werner del   grand. nat.   lith de Langlumé

Bec-fin Passerinette.   (Sylvia Passerina. lath)

Bec-fin Subalpin.   (Sylvia Subalpina, Bonnelli.)

Werner del.   ⁵/₁₁ʳ de nat.   Lith. de Langlumé.

Bec-fin Rouge-gorge.   (Sylvia rubecula. Lath.)

Werner del.   presque nat.   lith. de Langlumé

Bec-fin gorge-bleue.   (Sylvia lithis, Scopoli)

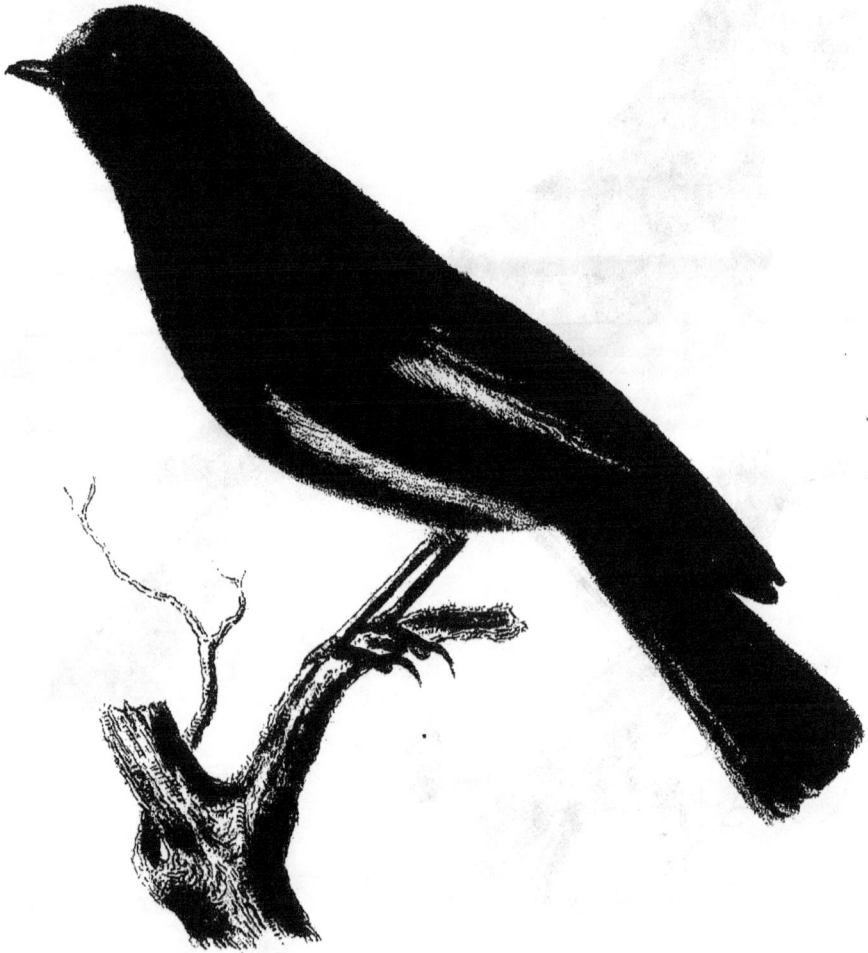

Werner del.

presque nat.

Lith. de Langlumé.

Bec-fin rouge-queue. (Sylvia succica. Lath.)

Werner del.   grand. nat   Lith. de Langlumé

Bec-fin de Muraille.   (Sylvia Phœnicurus. Lath.)

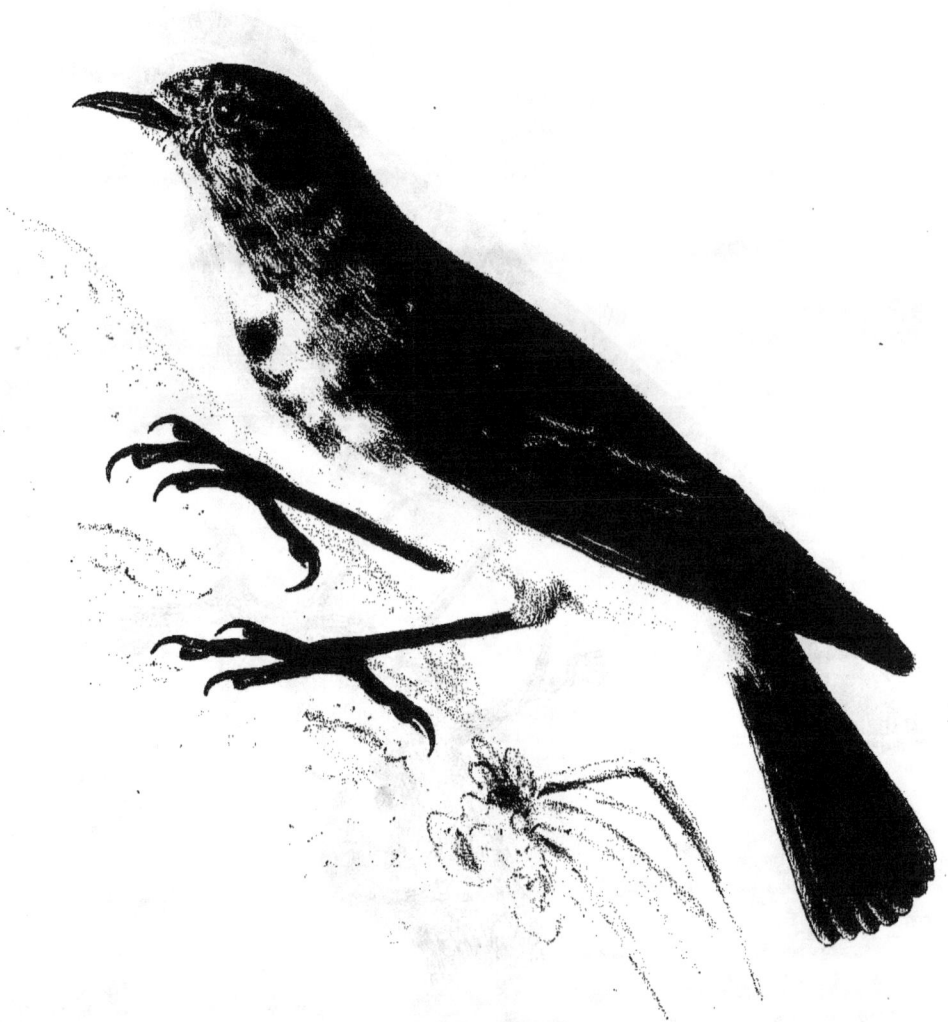

Werner del.

gr. naturelle.

Lith. A. Belin.

Bec-fin de muraille fem. (Sylvia phenicurus Lath.)

Werner del.   presque nat   Lith. de Langlumé.

Bec-fin à poitrine jaune.   (Sylvia Hippolaïs. Lath.)

Werner del.   grand nat.   lith de Langlumé

Bec-fin siffleur.   (Sylvia sibilatrix Bechst.)

Werner del.   grand. nat.   Lith de Langlumé.

Bec fin Pouillot.   (Sylvia Trochilus. Lath.)

g.ᵉ naturelle.

Werner del.   Lith. A.Belin.

Bec-fin Pouillot (*Sylvia Trochilus* Lath.)

Nota: notre première figure est l'Ictérine de Temminck.

Werner del.   grand. nat.   Lith. de Langlumé.

Bec-fin véloce.   (Sylvia Rufa. Lath.)

Werner del.   grand. nat.   Lith. de Langlumé

Bec-fin Natterer.   (Sylvia Nattereri. Tem.)

Order 3　　　　　　*Insectivores*

Werner del.　　　　　　　　　　　Lith. de Langlumé

Roitelet ordinaire.　　(*Sylvia Regulus. Lath.*)

Werner del	grand nat.	Lith. de Langlumé

Roitelet triple bandeau. (Sylvia ignicapilla. Brehm.)

Ordre 3.   Insectivores.

Xineo del.   g.de nat.   Lith. de Tracqueminn

Roitelet modeste (Regulus modestus. Gould.)

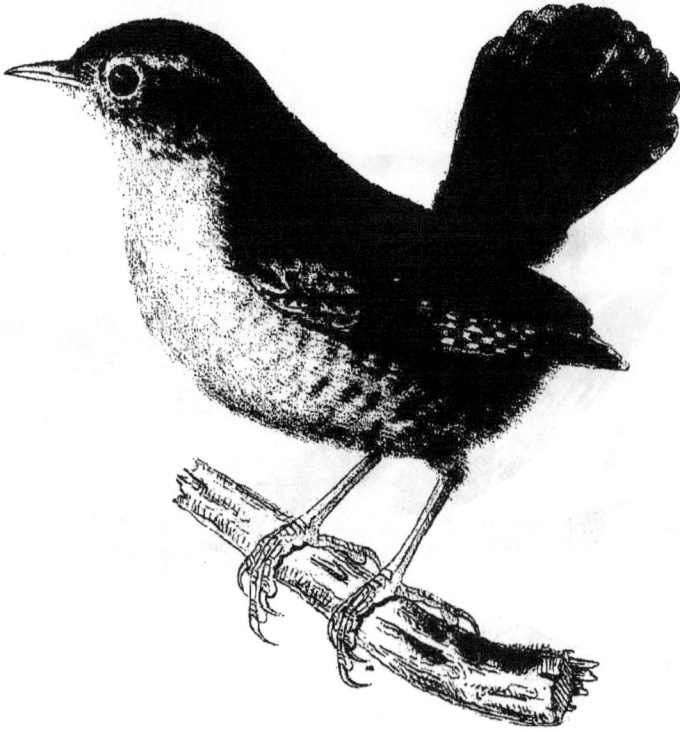

Werner del.   grand nat   lith de Langlumé

Troglodyte ordinaire.   (Sylvia Troglodytes. Lath.)

Werner del.   ¾ de nat.   Lith. de Langlumé.

Traquet rieur.   (Saxicola cachinnans, Tem.)

Werner del.   prag nat   Lith de Langlumé.

Craquet moteux.   (Saxicola œnanthe. Bechst.)

Vienn. del.   ½ de nat.   lith. de Langlumé.

Traquet stapazin.   (Saxicola stapazina. Tem)

Werner, del.^c   ...e de nature.   Lith. A. Belin.

Traquet Stapazin, femelle. (Saxicola Stapazina Tem.)

Werner. del.

3/6° de nature.

Lith. A. Belin.

Traquet Stapazin, mâle, après la mue.

(Saxicola Stapazina. Tem.)

Werner del.   ⅓ de nat.   Lith. de Langlumé.

Traquet oreillard.   (Saxicola aurita. Lem.)

Werner del.?   5 6.° de nature.   Lith. J. Belin.

Traquet Oreillard, femelle (Saxicola aurita, Tem.)

Werner del.

5/8 de nature.

Lith A Belin.

Traquet Oreillard, jeune de l'année (Saxicola aurita. Tem)

Werner, del.ᵗ   g.ʳ naturelle.   Lith. de A.Belin.

Traquet oreillard, mâle, après la mue.

(Saxicola aurita Tem.)

Werner del   3/4 de nat.   Lith. de Langlumé

Traquet leucomèle.   (Saxicola leucomela. Tem.)

Werner del   grand nat.   lith de Augsbourg

Traquet tarier.   (Saxicola Rubetra. (Bechst.)

Waner del.   presq. nat.   Lith. de Langlumé.

Traquet Pâtre.   (Saxicola Rubicola. Bechst.)

Werner del   ²/₃ de nat.   Lith. de Langlumé

Accenteur Pegot ou des Alpes.   (Accentor Alpinus. Bechst.)

Werner del.   grand.ᵉ naturelle.   Lith. de A. Belin.

Accenteur calliope, vieux mâle. (Accentor calliope, Tem.)

Werner del.   ⅓. de nat.   Lith. de Langlumé

Accenteur mouchet.   (Accentor modularis. Cuv.)

Werner del   ⁵⁄₆. de nat.   Lith. de Langlumé.

Accenteur montagnard. (*Accentor montanellus. Tem.*)

Werner del. ¾ de nat. Lith. de Langlumé

Bergeronnette lugubre. (Motacilla lugubris. Pallas.)

Werner del.   3/4 de nat.   lith. de Langlumé

Bergeronnette grise.   (Motacilla alba Linn.)

grand nat.

Bergeronnette Yarrel.   (Motacilla yarrellii Bonap.)

Werner del.   4,3 de nat.   Lith de Langlumé

Bergeronnette jaune.   (Motacilla Boarula. Linn.)

Werner del.   3/7. de nat.   Lith. de Langlumé

Bergeronnette citrine.   (Motacilla citreola. Pall.)

Werner del.

4/5 de nat.

lith. de Langlumé

Bergeronnette printannière.   (Motacilla flava. Linn.)

3/4

cr del.   Lith. de Turgnemin.

Bergeronnette flavéole. (Motacilla flaveola, Cuv.)

Pipit Richard.   (*Anthus Richardi. Vieill.*)

Werner del.   5/6 de nat.   Lith. de Langlumé.

Pipit spioncelle.   (Anthus aquaticus. Bechst.)

Werner del.   2/5   Im. Lemercier Benard et C.

Pipit obscur ou Maritime,
(Anthus obscurus Temm.)

Werner del   5/6. de nat.   Lith de Langlume.

Pipit Rousseline.   (Anthus rufescens Tem.)

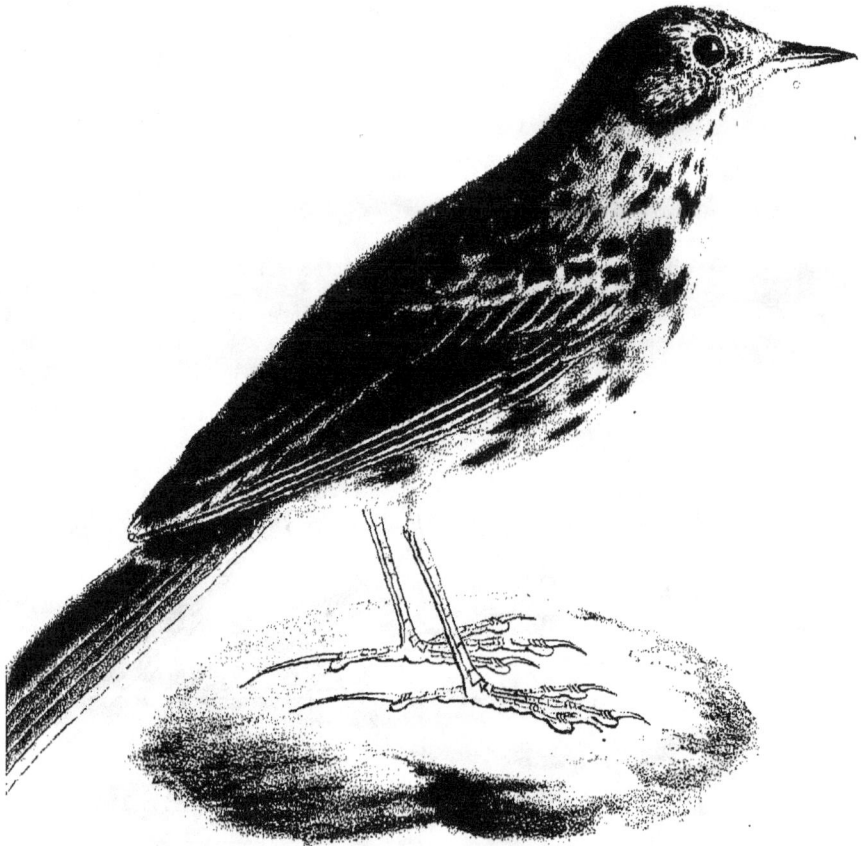

Werner del.   Presque nat.   Lith. de Langlumé.

Pipit Farlouse.   (Anthus Pratensis. Bechst.)

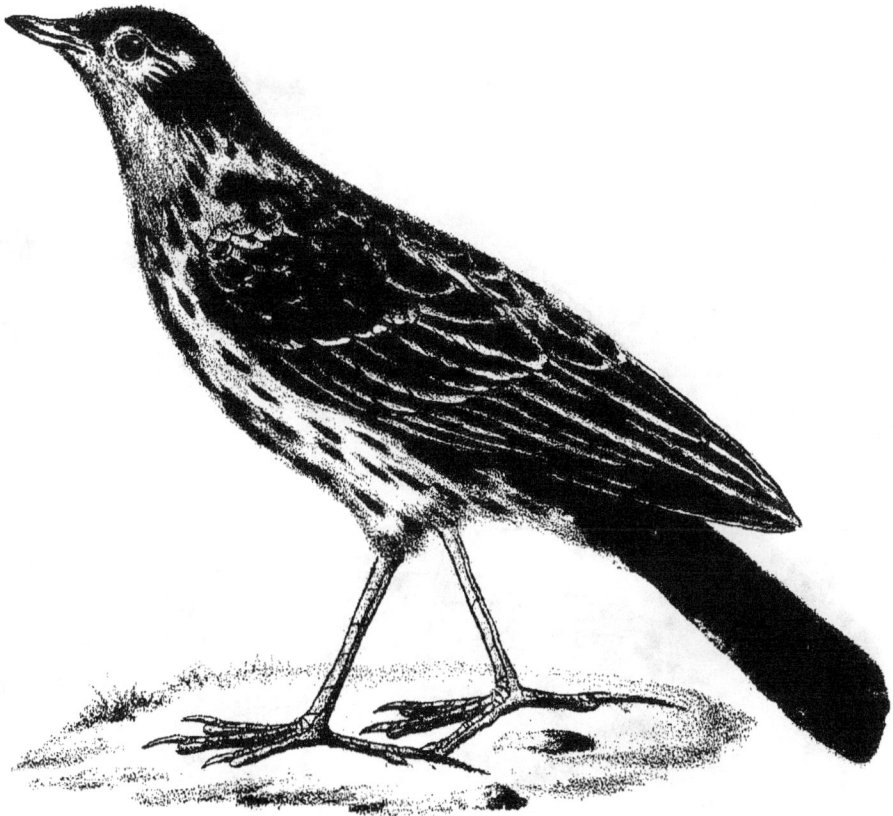

Werner del.　　　　presque g.ʳ naturelle.　　　　Lith. de A. Belin

Pipit à gorge rousse. (Anthus rufogularis, Br.)

Werner del.   Presque nat.   Lith. de Langlumé.

Pipit des buissons.   (Anthus arboreus. Bechst.)

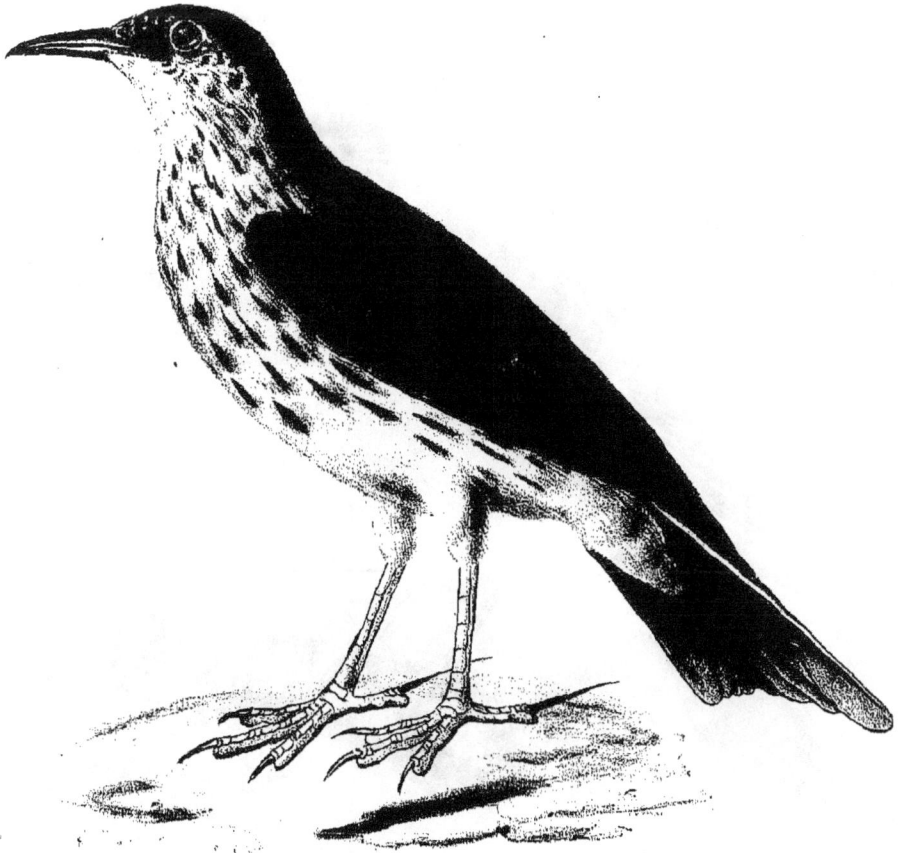

Werner del.t   1/2 de nature.   Lith de A. Belin.

Alouette Dupont (Alauda Duponti, Vieillon.)

2/3

Werner del.   Lith. de A. Belin.

Alouette Bifasciée (Alauda Bifasciata, Licht.)

Werner del.   3/4 de nat.   Lith. de Langlumé.

Allouette à hausse-col noir. (Alauda alpestris linn.)

3/4

Werner del.   Lith. de A. Belin.

Alouette Kolly (Alauda Kollyi, Tem.)

Werner del.   3/4 de nat.   Lith. de Langlumé

Alouette des Champs.   (Alauda arvensis. Linn.)

Squelette de l'Alouette des champs. (Alauda arvensis Linn.)

Werner del. ⅗ de nat. i. de Langlumé

Alouette lulu. (Alauda Arborea. Linn.)

Werner del.   3/5 de nat.   Lith de Langlumé.

Alouette cocheris   (Alauda cristata. Linn.)

Werner del.   presque nat.   Lith de Langlumé

Alouette à doigts courts ou Calandrelle
(Alauda brachidactyla. fem.)

Werner del 2/5 Lith de Fournier

Allouette isabelline. (Alauda Isabellina. Fem.)

Werner del   2/7 de nat.   lith. de Langlumé

Alouette calandre.   (Alauda calandra. Linn.)

Werner del.   2/3. de nat.   Lith. de Langlumé.

Alouette négre.   (Alauda Tatarica. Pall.)

Werner del.   ⅘ de nat.   lith. de Langlumé.

Mésange charbonnière.   (*Parus major. Linn.*)

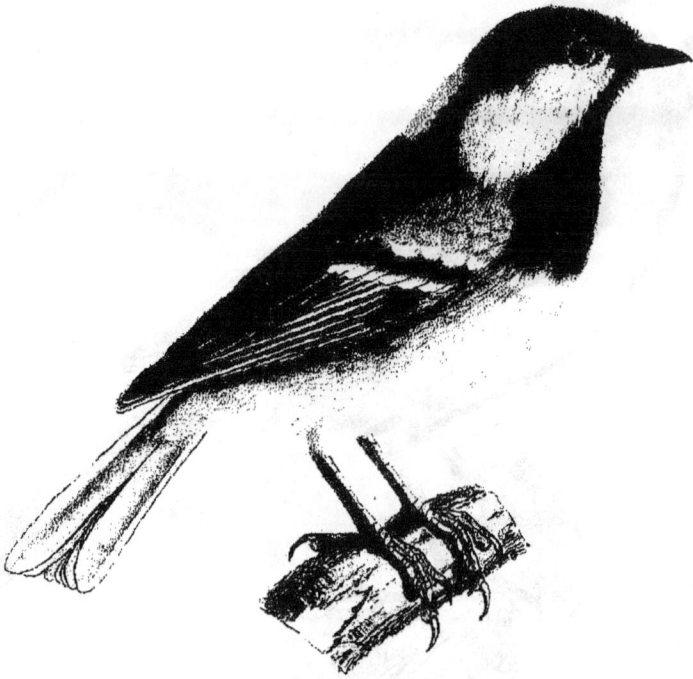

Werner del.   grand. nat.   Lith. de Langlumé.

Mésange petite charbonnière. (Parus ater. Linn.)

Werner del.   grand. nat.   Lith. de Langlumé.

Mésange bleue.   (Parus cœruleus. Linn.)

Werner del.   presque grandᵉ naturelle.   Lith. de A. Belin.

Mésange bicolore mâle. (Parus bicolor, Linn.)

Ordre. 4   Granivores.

Werner del.   grand nat.   lith. de Langlumé

Mésange huppée.   (Parus cristatus. Linn)

Mésange nonnette.   (Parus palustris. Linn.)

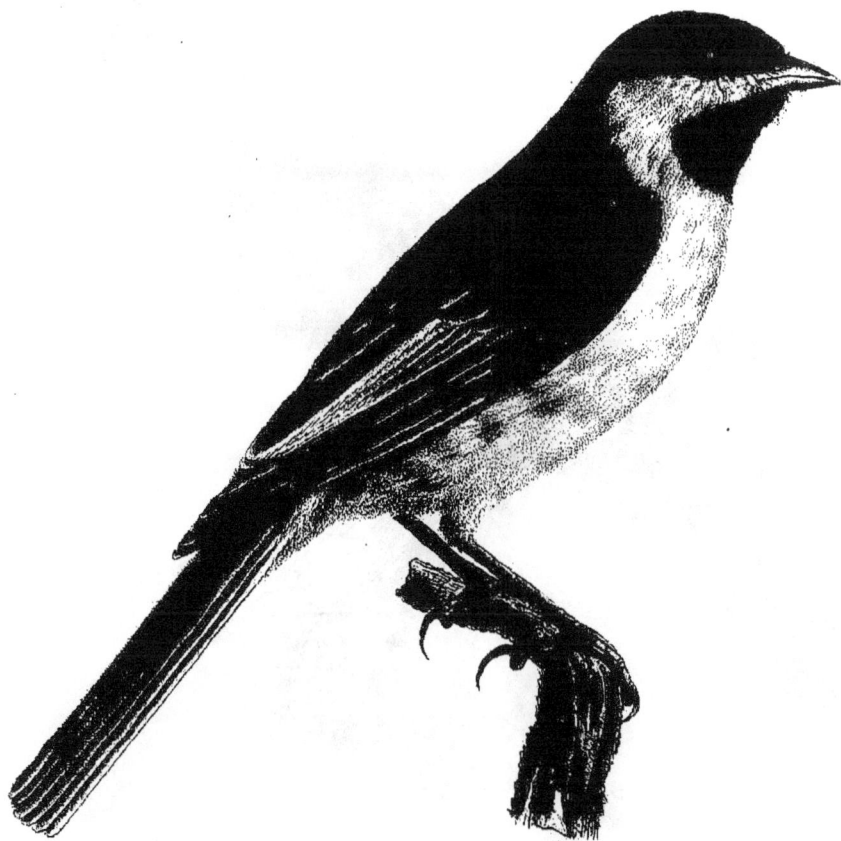

Werner del   5/6 de nat.   Lith. de Langlumé

Mésange lugubre   (Parus lugubris. Natt.)

Werner del.   presque nat.

Mésange à ceinture blanche. (Parus Sibiricus Gmel.)

Werner del.   grand. nat.   lith. de bonglume.

Mésange azurée.   (Parus cyanus. Pall)

Ordre 4.   Granivores.

Werner del.   grand. nat.   Lith de Langlumé.

Mésange à longue queue.   (Parus caudatus. Linn.)

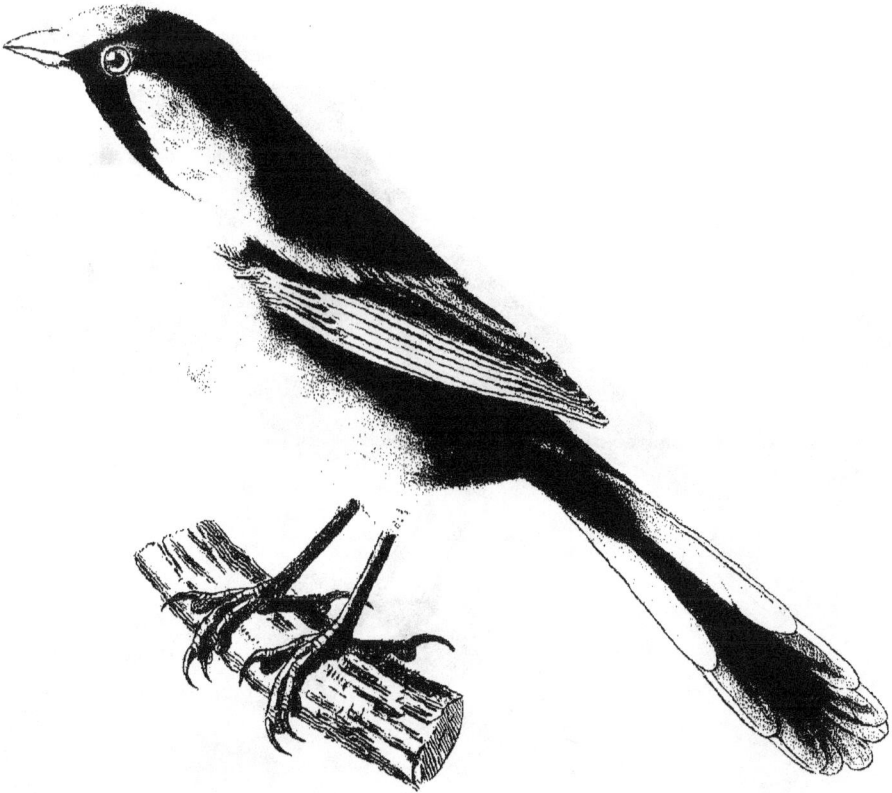

Werner del   lith. de Langlumé

Mésange moustache.   (Parus biarmicus. Linn.)

Vecico del.   lith de Langlumé

Mésange remiz !   (Parus pendulinus Linn)

Werner del. 2/3 de nat. Lith. de Langlumé.

Bruant crocote (Emberiza mélanocéphala. Scopoli.)

Werner, del.^t   ⅔ de nature.   Lith. A. Belin

Bruant Crocote femelle (Emberiza Melanocephala, Scop.

Werner del   ⅔ de nat.   Lith. de Langlumé

Bruant jaune.   (Emberiza citrinella. Linn.)

Werner del   G.ᵉ de nat   Lith. de Langlumé

Bruant proyer.   (Emberiza miliaria. Linn.)

Werner del.   6.7. de nat.   Lith. de Langlumé.

Bruant de roseau.   (Emberiza Schœniculus. Linn.)

Werner del. 5/6.e de nat.re Lith. de A.Belin.

Bruant de marais (Emberiza palustris. Savi)

Werner del.   3/4 de nat.

Bruant à couronne lactée. (*Emberiza Pithyornus Pall.*)

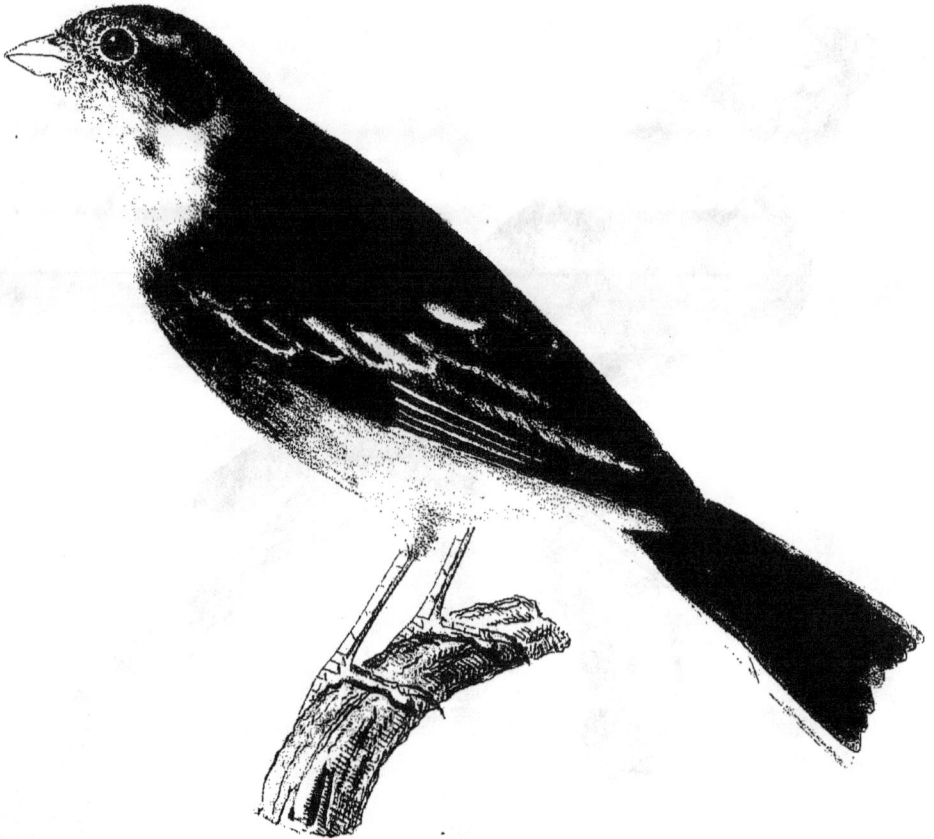

Werner del.   grand nat.   lith. de Langlumé.

Bruant ortolan.   (Emberiza Hortulana. Linn.)

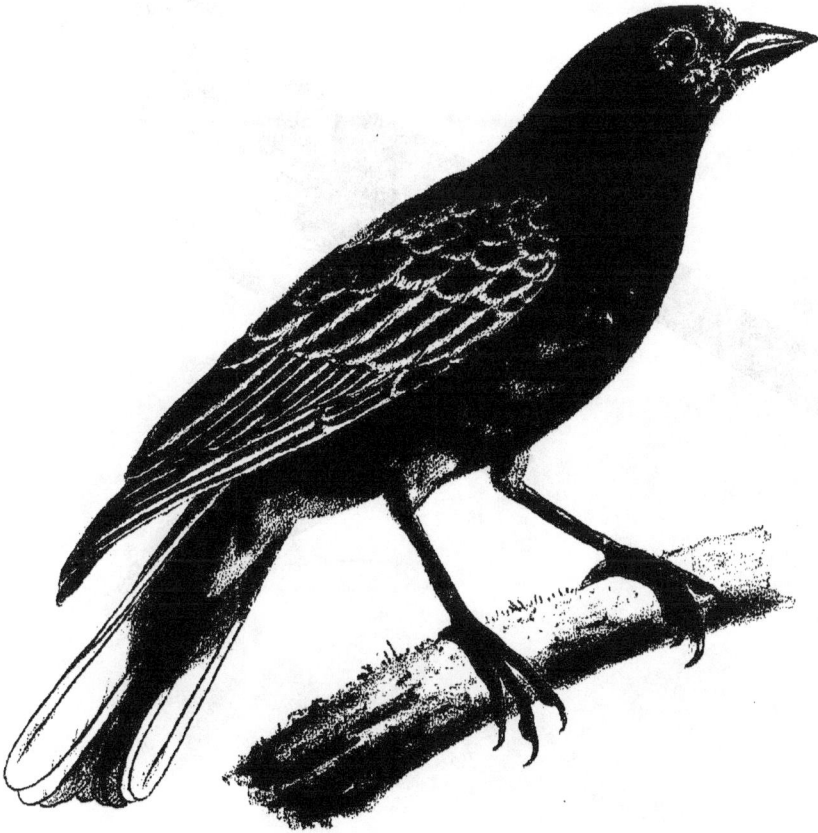

Werner, del.   gr. naturelle.   Lith. de A. Belin.

Bruant cendrillard. (Emberiza caesia. Retschm.)

Werner del.   4/5   Lith de Bourquemin.

Bruant striolé.   (Emberiza Striolata. Rupp)

Werner del   grand. nat.   lith. de Langlumé

Bruant zizi, ou de haie.   (Emberiza cirlus. Linn.)

Werner del.   grand nat.   Lith de Langlumé

Bruant fou ou de pré.   (Emberiza cia. Linn.)

Werner del.　　　　presque gr naturelle.　　　　Lith. A. Belin.

Bruant auréole, vieux mâle, plumage parfait,
(Emberiza aureola, Pall.)

²/₃

Werner del.   Lith. de A. Belin.

Bruant Auréole, vieux mâle presque en plumage parfait.
(*Emberiza Aureola, Pall.*)

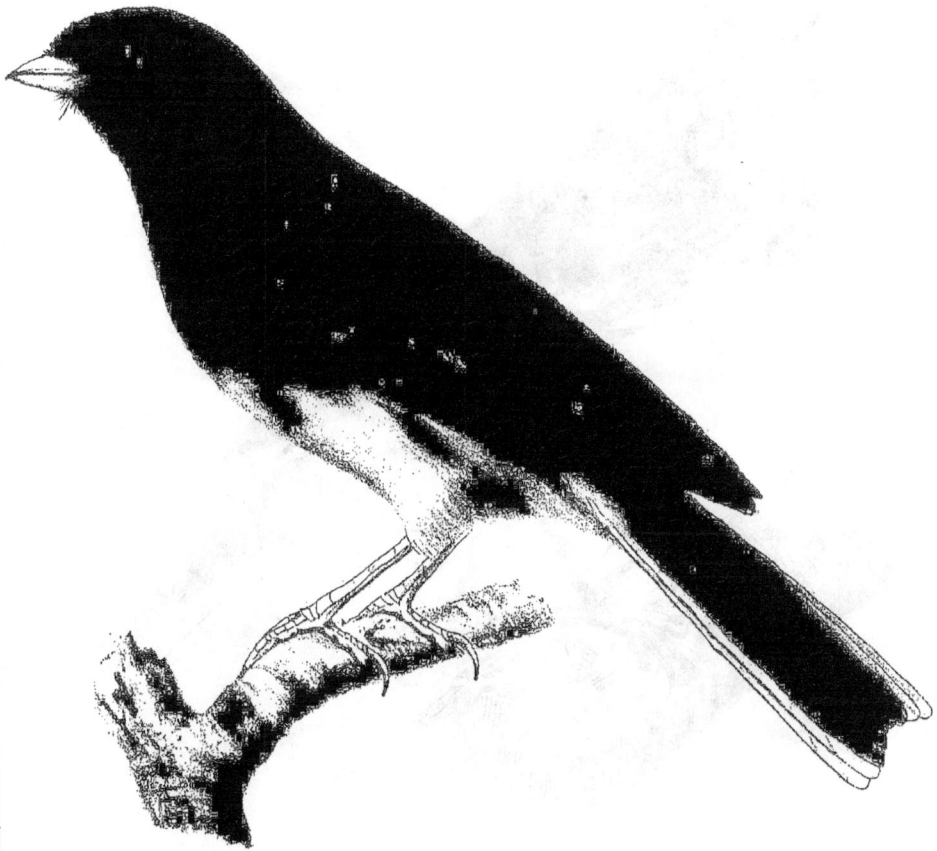

Werner, del.   4. 5.° de nature.   Lith de I. Belin.

Bruant jacobin. (Emberiza hyemalis Linn.)

Werner del.   grand. nat.   Lith.de Langlumé.

Bruant Mitiléne.   (Emberiza Lesbia. Gmel.)

Werner del.   grand.r nat.le   Lith. de A. Belin.

Bruant Gavoué (Emberiza provincialis, Linn.)

Werner del.   6/7. de nat.   Lith. de Langlumé.

Bruant de neige (en automne)   (Emberiza nivalis. Linn.)

Werner del.t   ♂ ♀ de nat.   Lith. de L. Prêtre.

Bruant Montain. (Emberiza Calcarata, Tem.)

Werner del   ⅔ de nat.   lith de Langlumé

Bec-croisé perroquet ou des sapins. Femelle.
(Loxia pytiopsittacus Bechst.)

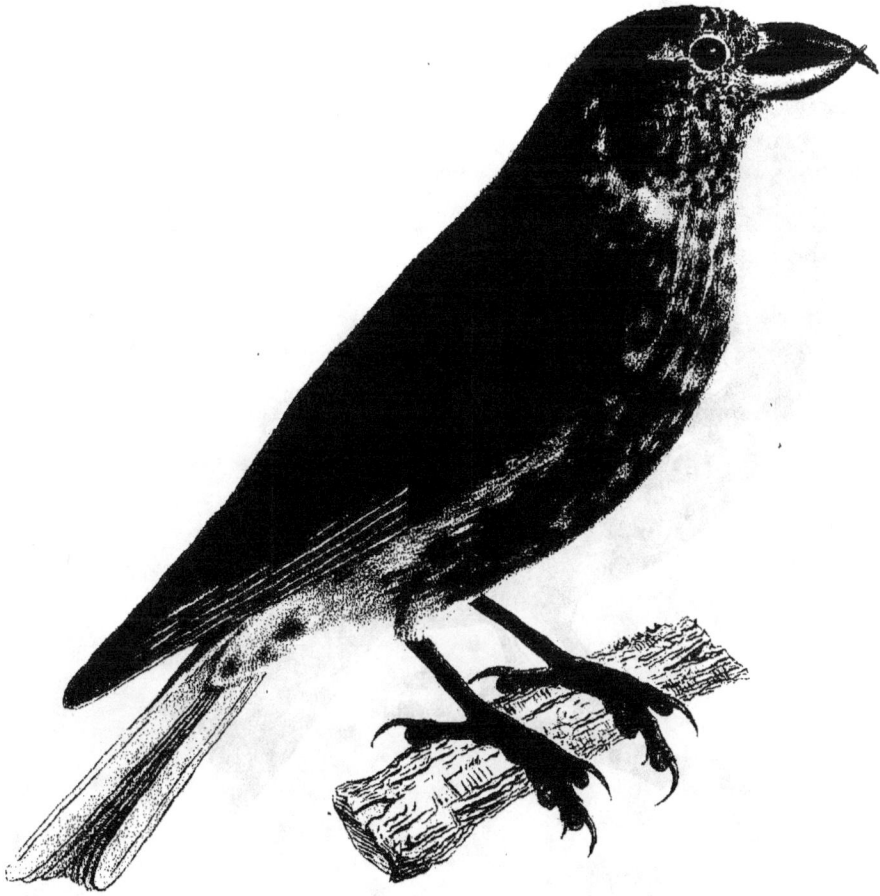

Werner del   5/6 de nat.   Lith. de Langlumé

Bec-croisé commun ou des pins. (Loxia curvirostra. Linn.)

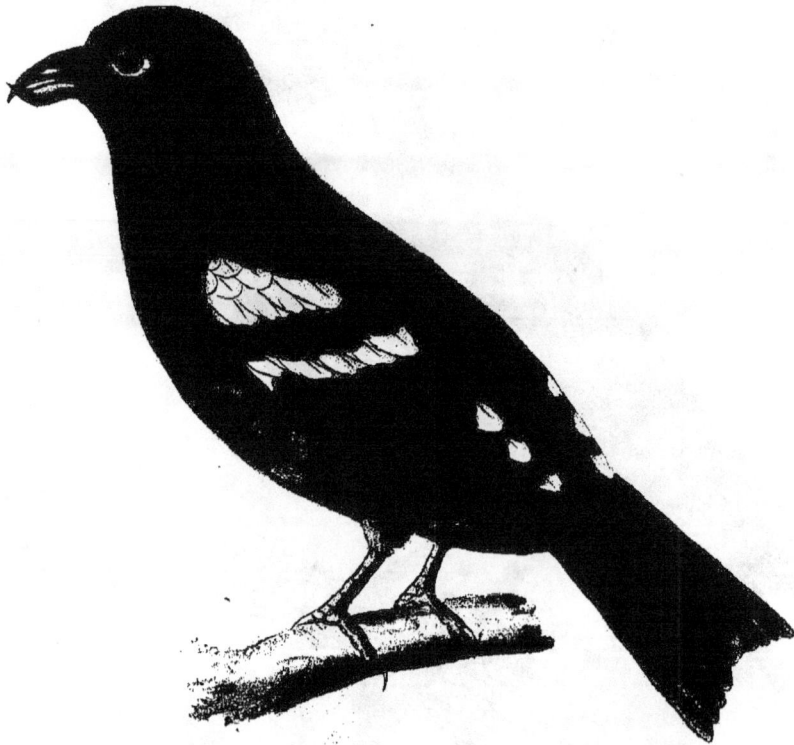

Werner del. 3.t/4 de nature. Lith de A.Belin

Bec-croisé Leucoptère vieux mâle.
(Loxia Leucoptera, Gmel.)

Werner del   presq 2/3 de nat.   Lith. de Langlumé

Bouvreuil dur-bec.   (Pyrrhula enucleator. Tem.)

Ordre 4

Granivores

Knner del

Lith. de Langlumé

Bouvreuil Pallas.

(Pyrrhula rosea. fem.)

Werner del.   grand.nat.   Lith.de Langlumé

Bouvreuil cramoisi.   (*Pyrrhula erythrina.* Tem)

Werner del   presq. nat.   Lith de Langlumé.

Bouvreuil commun.   (Pyrrhula vulgaris. Briss.)

Grand. nat.

Bouvreuil Githagine mâle (Pyrrhula githaginea Tem.)

Grand. nat.

Werner del.   lith. de A. Belin.

Bouvreuil Githagine fem. (Pyrrhula githaginea, Tem.)

Werner del   presque nat.   Lith. de Langlumé.

Bouvreuil à longue queue. (en hiver). (Pyrrhula longicauda. Tem.)

Werner del.   2/7 de nat.   Lith. de Langlumé.

Gros-bec.   (Fringilla cocothraustes Tem.)

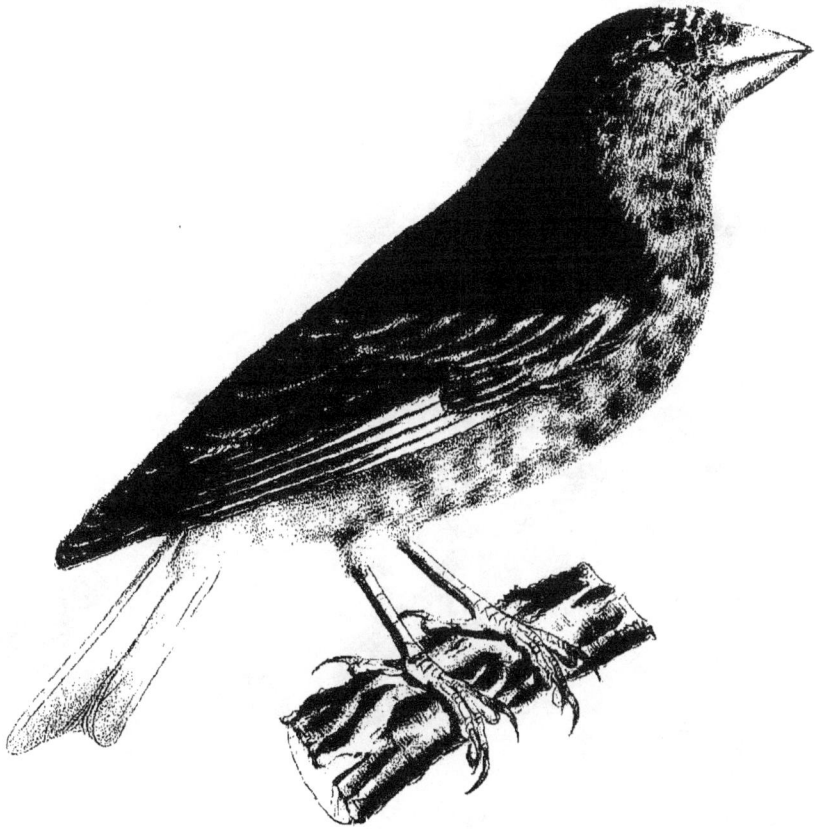

Werner del   ⁵/₆ de n.si   Lith. de Langlumé

Gros-bec verdier.   (Fringilla chloris. Tem.)

Werner del. grand.r nat.le Lith. de A. Belin.

Gros-bec Incertain femelle (Fringilla incerta. Risso)

Ordre 4   Granivores.

Werner del.   2/6 de nat.   Lith. de Langlumé

Gros-bec souleie.   (Fringilla petronia Linn.)

Gros-bec moineau. (Fringilla domestica Linn.)

Werner del.   presq grand. nat.   Lith. de Langlumé

Gros-bec cisalpin.   (Fringilla cisalpina Tem.)

Werner del.   D^g de nat   Lith de Langlumé

Gros-bec espagnol   (*Fringilla espaniolensis. fem*)

Werner del   grand. nat   Lith. de Langlumé.

Gros-bec Friquet.   (Fringilla montana Linn.)

Werner del   4/5.   Lith. de Fourquemin.

Gros-bec Islandais. (Fringilla Islandica. Fab.)

Werner del.   grand nat.   Lith. de Langlumé.

Gros-bec Serin ou Cini. (Fringilla Serinus. Linn.)

Werner del.   *⅚ de nat.*   *lith. de Langlumé*

Gros-bec Pinson.   (*Fringilla Cœlebs. Linn.*)

Werner del.

5/6 de nat.

Lith de Langlume.

Gros-bec d'ardennes. (Fringilla Montifringilla Linn.)

Werner del.   ⅔ de nat.   Lith. de Langlumé.

Gros-bec Niverolle. (*Fringilla nivalis. Linn.*)

Werner del.   grand. nat   lith. de Langlumé

Gros-bec Linotte.   (Fringilla cannabina Linn.)

Werner del. grand. nat. lith. de Langlumé

Gros-bec à gorge rousse ou des montagnes.
(Fringilla montium. Gmel)

Werner del.   grand. nat.   Lith. de Langlumé.

Gros-bec Venturon.   (Fringilla citrinella.   Linn.)

Ordre 4.

Granivores.

Werner del.

grand. nat.

Lith. de Langlumé.

Gros-bec Tarin.

(Fringilla spinus. Linn.)

Werner del.   grand.^r nat.^{le}   Lith. de A. Belin.

Gros-bec Boréal mâle ; Fringilla borealis Tem.

Héron del.　　　　　　grand nat.　　　　　　lith. de Langlumé

Gros-bec Sizerin.　　(Fringilla Linaria. Linn.)

Wisner del. grand. nat. Lith. de Langlumé.

Gros-bec Chardonneret. (Fringilla Carduelis. Linn.)

www.ingramcontent.com/pod-product-compliance
Lightning Source LLC
Chambersburg PA
CBHW070245200326
41518CB00010B/1696